数学分析能力有效提升

天才数学秘籍

〔日〕宫本毅 著 卓扬 译

按比分配妙解
各类应用题

适用于小学
4 年级及以上

山东人民出版社

国家一级出版社 全国百佳图书出版单位

图书在版编目（CIP）数据

天才数学秘籍. 按比分配妙解各类应用题 ／（日）宫
本毅著；卓扬译. -- 济南：山东人民出版社，2022.11
ISBN 978-7-209-14029-4

Ⅰ．①天… Ⅱ．①宫… ②卓… Ⅲ．①数学—少儿读物 Ⅳ．①01-49

中国版本图书馆CIP数据核字(2022)第174474号

山东省版权局著作权合同登记号　图字：15-2022-146

天才数学秘籍·按比分配妙解各类应用题
TIANCAI SHUXUE MIJI ANBI FENPEI MIAOJIE GELEI YINGYONGTI

［日］宫本毅 著　　卓扬 译

主管单位　山东出版传媒股份有限公司
出版发行　山东人民出版社
出 版 人　胡长青
社　　址　济南市市中区舜耕路517号
邮　　编　250003
电　　话　总编室 (0531) 82098914
　　　　　　市场部 (0531) 82098027
网　　址　http://www.sd-book.com.cn
印　　装　固安兰星球彩色印刷有限公司
经　　销　新华书店
规　　格　24开（182mm×210mm）
印　　张　4.5
字　　数　50千字
版　　次　2022年11月第1版
印　　次　2022年11月第1次
ISBN　978-7-209-14029-4
定　　价　380.00元（全10册）
　　　　　　如有印装质量问题，请与出版社总编室联系调换。

目　录

致本书读者

■拘泥于固定解法窍门的弊端

在本人长期的教学实践中，曾经遇到过不少学霸级的小学生。他们在接触没有学习过的知识点时，或是碰到陌生的数学问题时，都能轻松解决。

那么这些学霸小学生，到底是如何应对没有见过的数学题目的呢？经过长期观察，我发现他们身上都有着一定的共通点。

他们通常在五年级之前，就学习了比的知识点，掌握了这方面的概念和应用。同时，在陌生题目的海域，他们敢于用这种方法不断试错、进步。通过多次尝试，他们可以在没有正式接触"鸡兔同笼""追及问题"等经典问题的解法之前，就能以自己的方式成功解题。

与之相反，在很多时候，我们看到的是另一种情景：教师针对不同类型的问题，会教授孩子不同的"对应解法"，告诉他们只要记住解法就能解决问题。比如，对于"鸡兔同笼"，就教授"鸡兔同笼"的解法；对于"追及问题"，就教授"追及问题"的解法……通过使用问题对应的解法，就能得出正确答案。根据题目类型而产生固定的"对应解法"，这样的教学模式颇受追捧，自然有其解题准确性高的原因，对此我也表示一定程度上的认同。

但同时我们必须承认，这样的教授方法势必会引起另一种困惑。对于能够记忆各种解法的学生，那自然是没问题的，但有很多学生记不清那么多解法，也就提高不了数学成绩。其中，更有一些学习数学有困难的学生，在遇到实际题目与对应解法稍有不同的情况时，就会陷入"停止思考"的思维僵化状态，面对问题束手无策。

■适用于各种应用题的"按比分配"解题是什么？

对此，在本书中，我提出了另一条数学学习之道：巧用"按比分配"解题，开拓应用题超强解法。"这是什么？没听说过啊。"乍一听，可能很多人会有这样的疑问，这也是非常正常的反应。因此，本书使用整本书的分量，来展现这一解题思路。

在本书中展示的"按比分配"解题的巧用方法，是基于学霸级小学生的思考方式，进行系统梳理的成果。

现今的做法，大都是将"鸡兔同笼""追及问题"等题目一一分类，逐一进行解析。而在本书中，"按比分配"解题显然并不是针对某一类题目的对应解法。我认为，它可以是贯穿任意问题类型的解题利器。

不管遇到什么种类的问题，涉及"比的应用"，都可以使用"按比分配"解题的方法。

也就是说，殊途同归。"鸡兔同笼"也好，"追及问题"也罢，都能用同一种办法进行解题，这似乎是天方夜谭。但在本书中，通过巧用"按比分配"解题，它将成为现实。

来吧大家，和我一起开启数学新世界的大门吧。

■掌握分数倍

在正式开始学习"按比分配"解题之前，我们先来玩几个热身游戏，进行一些运算锻炼。

首先，需要掌握的是"几分之几"和"几倍"。

如何用分数表示"几分之几"和"几倍"？如下所示：

"30 kg 是 80 kg 的 $\frac{3}{8}$"；"200 元是 60 元的 $\frac{200}{60}$ 倍，即 $\frac{10}{3}$ 倍"

接下来，我们准备了一些测验小题，考察同学们是否正确掌握"几分之几"和"几倍"。请先遮住右边的答案，然后答题吧。

❶ 18 人是 32 人的几分之几？ $\qquad \frac{18}{32} = \frac{9}{16}$

❷ 45 是 18 的多少倍？ $\qquad \frac{45}{18}$ 倍 $= \frac{5}{2}$ 倍

❸ 540 元是 180 元的多少倍？ $\qquad \frac{540}{180}$ 倍 $= 3$ 倍

❹ 34m 的多少倍是 51m？ $\qquad \frac{51}{34}$ 倍 $= \frac{3}{2}$ 倍

❺ 152 个的几分之几是 57 个？ $\qquad \frac{57}{152} = \frac{3}{8}$

爸爸的体重是 80kg，儿子小武的体重是 32kg。

❻ 小武的体重是爸爸体重的几分之几？ $\qquad \frac{32}{80} = \frac{2}{5}$

❼ 爸爸的体重是小武体重的多少倍？ $\qquad \frac{80}{32}$ 倍 $= \frac{5}{2}$ 倍

❽ 小武的体重是父子两人体重总和的几分之几？ $\qquad \frac{32}{112} = \frac{2}{7}$

■ "比"的数值和具体的数值之间的区别

在本书中使用"按比分配"解题，将具体的数值化为比的数值的时候，需要用◯把比的数值圈出来。

当 50 元或 300m 等表示具体数量的数字，变成了⑦或⑬这样的"比"的数值时，可能有学生会感到混乱。

不要担心，不要慌张，习惯之后你就能迅速区别两种类型的数了。为了养成这种习惯，本书提供了两种方法，供学生参考。

第一种方法是"画图"。对于这种方法，可能怕麻烦的人会嫌弃地说："好麻烦啊。"给大家做个提醒，越有逃避情绪，数学越学得辛苦。

虽然画图的方法一开始会有一点费事，但它可以避免之后出现更多的麻烦。所以，大家还是打起精神画图吧。

画线段图的方法如下：

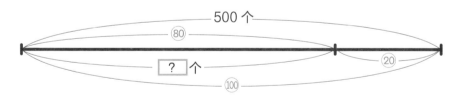

这样一来，我们可以很清楚地区别具体的数值和"比"的数值。

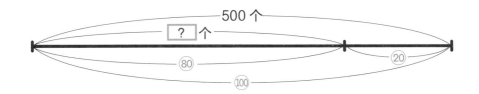

　　线段之上，标注的是具体的数值；线段之下，标注的是"比"的数值（相反也可以）。重要的是，我们心中要对不同的数有一个把握，至于标注的规则由自己统一就可以了。

　　第二种方法是"算式加上单位"。在算式上加上单位，就很容易区别具体的数值和"比"的数值了。

　　在算式上加上单位，能马上反应出这是"表示具体数量的数字"。

　　比如，给 $300 \times 12 = 3600$ 加上单位后，就是 300 元 / 人 $\times 12$ 人 $= 3600$ 元。

　　最后，需要再次提醒大家，"用○把比的数值圈出来"，这非常重要。

　　"这肯定不会忘的呀。" 对于一些粗心的小伙伴来说，再多的提醒也不为过。有的学生写着写着，就会不小心漏掉○，最后可能就写不出正确答案了。

　　通过以上的方法，相信大家不会再搞混具体的数值和"比"的数值了。

　　好了，话不多说，快快开始巧用"按比分配"解题的第一阶段吧。小伙伴们，加油吧！

问题篇

终于要开始"按比分配"解题之旅了!

第一阶段

掌握"按比分配"解题的基本方法

就算学生没有正式学习倍和比也没有关系，这都不妨碍他们掌握"按比分配"解题的方法。在本章中，我们将学习"按比分配"解题的基本思路。

在这里，我们希望和大家做一个约定：自己画一画图、自己列一列表格。要知道，只是浏览的话，是提高不了数学能力的。

首先，从这类题目开始吧。

在这里，我们将学习如何画线段图。

问题 1

小 A 的零花钱是小 B 的 3 倍。他们的零花钱一共有 24 元。那么，小 A 的零花钱有多少？

答案：

▶正确答案在下一页！

要解决这种类型的题目，大家可以采用画线段图的方法。

话不多说，在纸上画一画吧。

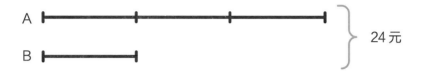

如下图所示，因为小 A 的零花钱是小 B 的 3 倍，所以在小 A 的线段上标注③，在小 B 的线段上标注①。

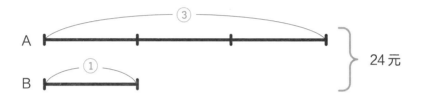

两人的零花钱总数为④。

可得，

④ = 24 元

小 B 的零花钱为：① = 24 元 ÷ 4 = 6 元

小 A 的零花钱为：③ = 6 元 × 3 = 18 元

如上所示，这种用〇把比的数值圈出来的解题方法，就是"按比分配"解题。希望通过本书，让大家掌握使用"按比分配"解题，逐步提升数学能力。大家一起加油吧。

小 A 和小 B 一共有玻璃弹珠 126 个，两人的弹珠数量之比是 3:4。他们各有多少个弹珠？

答案：

▶正确答案在下一页！

现如今，还玩玻璃弹珠的小伙伴肯定是不多了。

首先，画一画线段图吧。

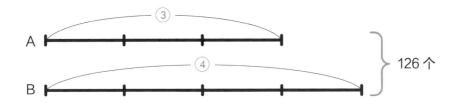

图的样子大概是这样的。

可得，

⑦ = 126 个

所以① = 126 个 ÷7 = 18 个

小 A 的弹珠数量为：18 个 ×3 = 54 个

小 B 的弹珠数量为：18 个 ×4 = 72 个

当然小 B 的弹珠数量还可以这么算：126 个 — 54 个 = 72 个

小 C 和哥哥从妈妈那里拿了零花钱。哥哥的零花钱比小 C 的 2 倍少 1 元。两人一共有零花钱 17 元。那么，小 C 和哥哥各有多少零花钱？

答案：

▶正确答案在下一页！

首先，画一画线段图吧。你画的图是下面这样的吗？

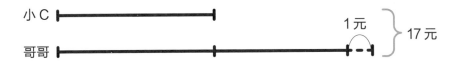

哥哥的线段图，好像稍微有点复杂。那么就假设妈妈又多给了哥哥1元。如下图所示：

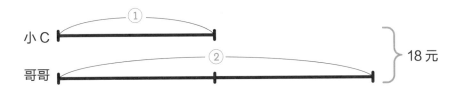

可得，

③ = 18 元

小 C 的零花钱为：① = 18 元 ÷ 3 = 6 元

哥哥的零花钱为：② - 1 元 = 12 元 - 1 元 = 11 元

当线段图比较复杂的时候，可以增添不足的部分，减少多余的部分，让线段图变得清晰易懂。

小 C、小 D、小 E 都是捡瓶子的环保志愿者。小 C 捡的瓶子比小 D 的 2 倍少 7 个，小 E 捡的瓶子比小 D 的 3 倍多 4 个。三人一共捡了 129 个瓶子。请问小 E 捡了多少个瓶子？

答案：

▶正确答案在下一页！

就算登场人数变成了 3 人，解题思路还是不变的。

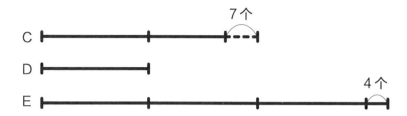

画完线段图后，对不足和多余的部分再进行调整。假设小 C 后来又捡到了 7 个瓶子，小 E 把 4 个瓶子扔掉了（扔进垃圾桶）。

那么可知三人一共捡的瓶子数量会变成：

129 个 ＋ 7 个 － 4 个 ＝ 132 个

将小 D 作为基准①，线段图如下所示：

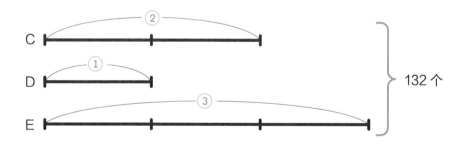

接下来的做法不变。

②＋①＋③＝⑥＝ 132 个

所以①＝ 132 个 ÷6 ＝ 22 个

小 E 捡的瓶子数量为：③＋ 4 个 ＝ 22 个 ×3 ＋ 4 个 ＝ 70 个

接下来，继续练习画线段图，我们要应对稍微复杂一些的问题了。

问题 5

将 3600 元分给兄弟三人。第一个人分到全部的 $\frac{4}{9}$，第二个人分到剩下的 $\frac{3}{5}$，第三个人分到剩余的钱。第三个人分到多少钱？

答案：

▶正确答案在下一页！

按照普通的运算方法，可以列式计算：

$$3600 \text{ 元} \times (1-\frac{4}{9}) \times (1-\frac{3}{5}) = 3600 \text{ 元} \times \frac{5}{9} \times \frac{2}{5} = 800 \text{ 元}$$

不过在这里，我们还是选择用"按比分配"解题的方法来解这道题目。首先，画一画线段图。

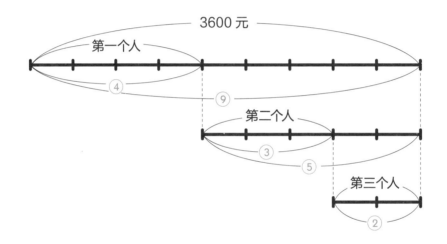

如上图所示，我们可以很清楚地看出第一个人、第二个人、第三个人所占零花钱的比。可得，

$$3600 \text{ 元} \times \frac{2}{9} = 800 \text{ 元}$$

计算一次就能得出结果了。

将 3600 元分给兄弟三人。第一个人分到全部的 $\frac{4}{9}$，第二个人分到剩下的 $\frac{3}{4}$，第三个人分到剩余的钱。第三个人分到多少钱?

答案:

▶正确答案在下一页!

首先，画一画线段图。

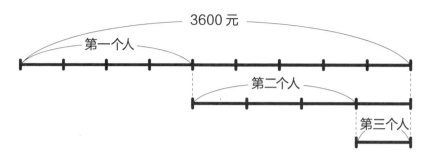

很明显，对于这道题来说线段图并不能很清楚地表示出各部分的比。

$\frac{4}{9}$ 的分母 9 和 $\frac{3}{4}$ 的分母 4 的最小公倍数是 36，因此，我们先将 3600 元看作 ㊱。

将最小公倍数圈起来作为全体总量，不仅可以应用在"按比分配"解题中，更是一个适用于解答诸多数学问题的诀窍。在接下来的练习中，我们会经常遇到它，请记住这种方法。

那么，我们可以再修正一下线段图。

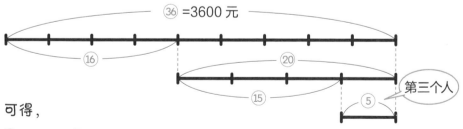

可得，

㊱ = 3600 元

① = 3600 元 ÷ 36 = 100 元

⑤ = 100 元 × 5 = 500 元

这就是所求的结果。

将若干元钱分给兄弟三人。第一个人分到全部的$\frac{2}{9}$，第二个人分到剩下的$\frac{2}{5}$，第三个人分到剩余的钱。若第三个人分到1050元，那么三人一共拿了多少钱？

答案：

▶正确答案在下一页！

按照普通的运算方法, 可以列式计算:

$1050 \, 元 \div \dfrac{3}{5} \div \dfrac{7}{9} = 2250 \, 元$

这当然是完全正确的做法。但是, 为了应对以后可能出现的更加复杂的情况, 我们也可以试一试"按比分配"解题的方法。

首先, 还是画一画线段图。

将全体总量看作㊺。没错, 就是9和5的"最小公倍数"。

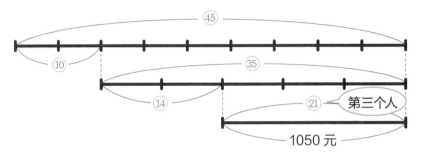

可知, 第三个人所占的比是㉑。

可得,

㉑= 1050 元

①= 1050 元 ÷ 21 = 50 元

㊺= 50 元 × 45 = 2250 元

这就是所求的结果。

怎么样? 简单吧。线段图可以帮助我们更好地理解题目。

随着大家线段图画得越来越熟练，我们可以继续解决各种和差问题了。

问题 8

今年，爸爸 38 岁，儿子 8 岁。经过多少年，爸爸的年龄是儿子年龄的 3 倍?

答案:

▶ 正确答案在下一页！

25

这种类型的题目也叫做"年龄问题"。

首先，我们画出爸爸的年龄是儿子 3 倍时候的线段图。

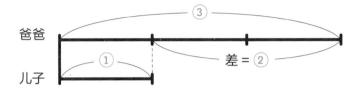

已知父子两人的年龄之差为 38 岁－8 岁＝30 岁。

年龄问题具有同增同减，年龄差不变的特性。

年龄问题可以转化为和差、和倍和差倍问题。

从线段图可得，

②＝30 岁

①＝15 岁

15 岁－8 岁＝7 岁

经过 7 年，爸爸的年龄是儿子年龄的 3 倍。

张老师带了 84 元钱，李老师带了 120 元钱。当两人都买了价格相同的书以后，李老师剩余的钱数是张老师剩余的钱数的 5 倍。书的价格是多少？

答案：

▶正确答案在下一页！

首先，画一画买书之后张老师和李老师两人手中剩余钱数的线段图。

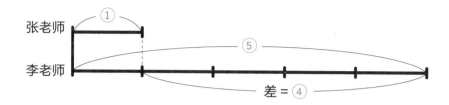

已知两人都买了价格相同的书，所以他们所剩钱的数额之差不变。这与之前的年龄问题是相同的。

从线段图可得，

④ ＝ 120 元 － 84 元 ＝ 36 元

张老师剩余的钱数：① ＝ 36 元 ÷ 4 ＝ 9 元

书的价格：84 元 － 9 元 ＝ 75 元

验算的方法也十分简单。只需要求李老师剩余的钱数就可以了。

李老师剩余的钱数：120 元 － 75 元 ＝ 45 元

可知李老师剩余的钱数是张老师的 5 倍，因此，这就是所求的结果。

这类问题的特点是同增同减差不变，差不变原理可用来解决年龄、金钱分配、面积等各种形式的问题。

总之，在数学世界中，我们需要关注"差"。

小 E 有 26 元零花钱，弟弟有 14 元零花钱。当小 E 给了弟弟若干元零花钱后，两人零花钱的比是 3:2。小 E 给了弟弟多少零花钱？

答案:

▶正确答案在下一页！

画线段图的时候，可以先从简单的地方开始画起。以本题为例，小 E
给弟弟零花钱之后两人的零花钱之比有具体的数据，因此更容易画。根据
这个状态，就可以画出线段图了。

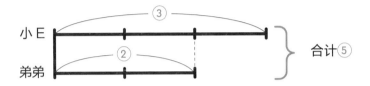

零花钱一给一拿，都只在两人之间进行，因此，两人零花钱的总数是
不变的（如果能增加就赚到了呀）。本题可以这样解：

两人零花钱的总数：⑤＝ 26 元 ＋ 14 元 ＝ 40 元

①＝ 40 元 ÷5 ＝ 8 元

小 E 给弟弟零花钱之后剩余的钱数：8 元 ×3 ＝ 24 元
也可以这么计算：

小 E 给弟弟零花钱之后剩余的钱数：40 元 × $\frac{3}{5}$ ＝ 24 元

小 E 给弟弟的零花钱数：26 元 － 24 元 ＝ 2 元

像这类两人之间进行金钱、物品分配的问题，可以发现总和不变，因
此要把解题的切入点放在和不变上。（这类问题总结为"给来给去和不变"）

在一片池塘中，有 A、B、C 三根木桩子。已知 A、B、C 按从长到短的顺序排列，且 B 的长度是 A、C 的平均值。有一天上午，人们测量了木桩在水面之上的长度。A 在水面之上的部分是 C 的 3 倍。下午下了暴雨，池塘水面上升 30cm，C 完全沉在水面之下。这时候，A 在水面之上的部分是 B 的 4 倍。

上午 A 在水面之上的部分的长度是多少？

答案：

▶正确答案在下一页！

在画线段图的时候，可以根据题目类型，改变线段图的画法。比如在这道题中，选择将线段图立起来。

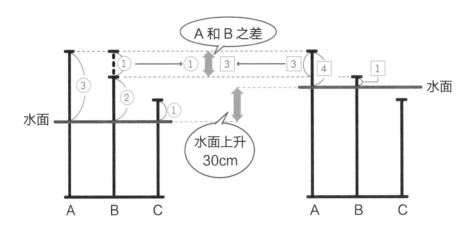

这样一来，就很有水面上竖着木桩的感觉了。通过图想象出具体情形，有助于解题。

可得，①＝③

因此，③＝⑨

下雨前后 A 在水面之上的部分的长度之差为：

③－④＝⑨－④＝⑤＝30cm

①＝30cm÷5＝6cm

上午 A 在水面之上的部分的长度为：③＝⑨＝6cm×9＝54cm

像这样"充分利用和、差、比来解题"，就是"按比分配"解题的基本技巧。

1 小 F、小 G、小 H 要为学校艺术节画 52 张小海报。小 F 和小 G 的画作数量之比是 3：4，小 H 画的数量比小 F 的 3 倍多 4 张。他们三人各画了多少张?

答案:

2 小 H 每天都会做数学练习题。第一天做了整本练习册的 $\frac{2}{9}$，第二天做了剩下的 $\frac{2}{5}$，第三天做了 42 页，此时还剩下整本的 $\frac{2}{5}$。请问这本数学练习册一共有多少页?

答案:

第二阶段

巧用"按比分配"解题，解答经济问题

很多学生对涉及"进价、定价、利润"的经济问题感到非常棘手，而有的学生对这些问题反而是特别擅长的。

试着找一下孩子们不擅长的原因，然后有了发现：经济问题是弱项的孩子，通常对涉及"复杂的行程"问题也不太擅长。有了"公式"的存在，反而让一些学生的问题敏感性下降了。在本章中，我们将利用技巧代替"公式"，进行一系列的训练。

巧用"按比分配"解题，挑战涉及倍的关系的问题吧。

 问题

韩国的消费税是 10%。假如在韩国购买了 250 元的商品，其中的消费税是多少钱?

答案:

▶正确答案在下一页!

首先，画一画线段图。

在做题之前，先明确几个概念，%（百分号）是表示整数的分母是100的符号。它代表的含义：把某个整体平均分为100份，其中一部分占有的份数。百分数是一种特殊的分数，表示一个数是另一个数的百分之几，百分数也叫做百分率或百分比。

100% 的线段图，可以表示如下。

10% 的线段图，可以表示如下。

那么，问题1的线段图就可以这样表示。

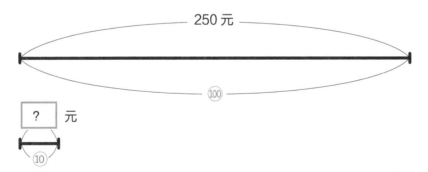

根据线段图，可以迅速列出算式：

$$250 \, 元 \times \frac{10}{100} = 25 \, 元$$

2010 年的世界杯举办国是南非，这个国家的消费税是 14%。假如在南非购买 6000 元的商品，总共要付多少钱？

答案:

▶正确答案在下一页！

首先，画一画线段图。

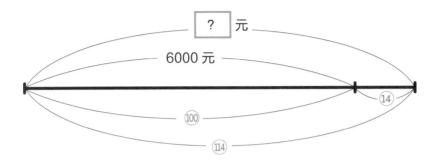

根据线段图，可以迅速列出算式：

$$6000 \, 元 \times \frac{114}{100} = 6840 \, 元$$

原来世界上各个国家的消费税都挺高的呀。

2020 年 7 月日本的消费税是 8%。假如小 A 在购买商品时支付了 24 元的消费税，那么这件商品的价格是多少？

答案：

▶正确答案在下一页！

首先，画一画线段图。

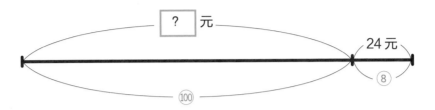

与之前不同，这道题已知的数据是消费税的金额。不过，计算方法大同小异。

$$24 \, 元 \times \frac{100}{8} = 300 \, 元$$

用分数表示几倍，分数的分子分母一目了然。根据线段图，可以迅速列出算式。

通过这样的方法，学生在做题时不需要套入"公式"。也就是说，不必去记忆各种对应"公式"，使用画线段图和"按比分配"解题，就可以解决许多问题了。

经过之前的练习，我们已经掌握了使用"按比分配"解题和画线段图的方法。那么接下来，就要具体问题具体分析了。

问题 4

某件商品的进价为 1500 元，店铺按三成的利润定价。不考虑消费税的话，请问定价是多少钱？

答案：

▶正确答案在下一页！

首先，画一画线段图。一开始可能有点难，我们可以一起一步一步来。

"成数"表示"一个数是另一个数的十分之几"。成数可以换算成百分数，一成等于10%。

在利润问题中，有时会出现"增加几成"或"减少几成"的字眼。具体问题具体分析，现在就用线段图来进行分析。

比如，"增加三成"时，如下图所示。

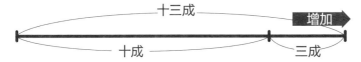

"减少二成"时，如下图所示。

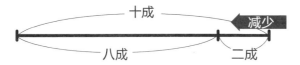

理解了的话，我们就可以开始画本题的线段图了。

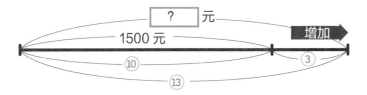

根据线段图，可以列出算式：

$$1500 \, 元 \times \frac{13}{10} = 1950 \, 元$$

某件商品的定价为 4000 元，店铺按定价减少三成五进行销售。不考虑消费税的话，请问实际售价是多少钱？

答案：

▶正确答案在下一页！

首先，将成数转化为百分数，可以使计算简便。

三成五即 35%。

那么，"减少三成五"就等于"减少 35%"。

剩余 100% — 35% = 65%。

线段图如下所示。

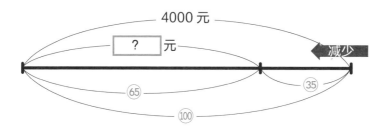

根据线段图，以同样的方法计算。

$4000 \ 元 \times \dfrac{65}{100} = 2600 \ 元$

店铺将某件商品按定价减少二成进行销售，实际售价为4800 元。不考虑消费税的话，请问这件商品的定价是多少钱？

答案：

▶正确答案在下一页！

首先，画一画线段图。

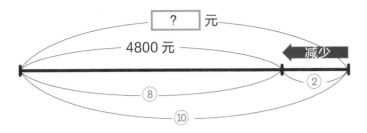

$4800 \, 元 \times \dfrac{10}{8} = 6000 \, 元$

店铺将某件商品按进价增加二成五进行销售，定价为 6000 元。不考虑消费税的话，请问这件商品的进价是多少钱?

答案:

▶正确答案在下一页!

首先，将"二成五"转化为"25%"。

然后，画一画线段图。

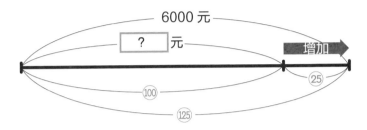

$6000 \, \overline{元} \times \dfrac{100}{125} = 4800 \, \overline{元}$

某件商品的进价为 5000 元，店铺按进价增加三成五进行定价。因销路不畅，又按定价减少一成二进行销售。不考虑消费税的话，请问这件商品的实际售价是多少钱?

答案:

▶正确答案在下一页!

将"三成五"转化为"35%"，将"一成二"转化为"12%"。"某件商品进价为 5000 元，店铺按进价增加三成五进行定价"，根据题目中的这句话，画一画线段图。

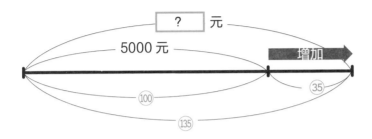

　　定价：$5000 \, 元 \times \dfrac{135}{100} = 6750 \, 元$

　　再根据题目的后半句话"又按定价减少一成二进行销售"，进行线段图的绘制。

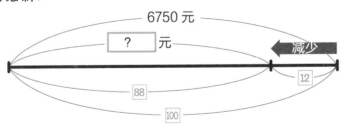

　　售价：$6750 \, 元 \times \dfrac{88}{100} = 5940 \, 元$

　　在本题中，我们画了两幅线段图进行解题。等到大家都能熟练掌握画线段图和用分数表示几倍的时候，我们就可以通过画一幅线段图的方式来解题了。

　　当然，在没有熟练掌握的情况下，保守起见，建议大家还是画两幅线段图吧。

店铺将某件商品按进价增加五成进行定价。因销路不畅，又按定价减少二成进行销售。最终的利润为 240 元。不考虑消费税的话，请问这件商品的进价是多少钱?

答案:

▶正确答案在下一页!

根据题目前半句话"按进价增加五成进行定价",画一画线段图。

然后再根据题目后半句话"又按定价减少二成进行销售",画一画线段图。

将两幅线段图进行合并。

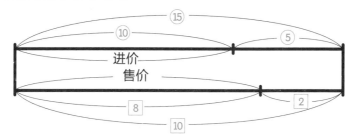

已知⑮和⑩的最小公倍数是△30△,以此为基准,将○和□中的数值进行统一。比的前项和后项同时乘或除以相同的数（0除外），比值不变。

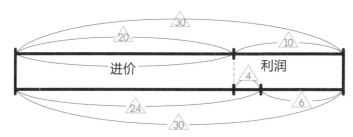

因为 $\triangle 4 \triangle = 240$ 元,

所以进价 $\triangle 20 \triangle = 240$ 元 $\times \dfrac{20}{4} = 1200$ 元

掌握了基本知识后，接下来我们一起挑战生活中的应用题吧。

问题 10

店铺进了 500 个 140 元的台灯，确定定价之后销售了 80%。随后，又按定价减少一成五进行销售。销售完毕后，一共获得利润 17300 元。不考虑消费税的话，请问一个台灯的定价是多少？

答案：

▶正确答案在下一页！

乍一看到题目，可能会觉得有点难。不要着急，我们按照不同的销售阶段进行画图。

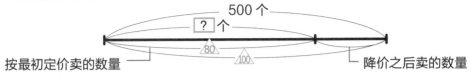

按最初定价卖的数量： 500 个 $\times \dfrac{80}{100} = 400$ 个

降价之后卖的数量： 500 个 $-$ 400 个 $=$ 100 个

一共进了 500 个台灯，因此总成本是 140 元 / 个 $\times 500$ 个 $=$ 70000 元

题中指出，利润为 17300 元。因此售出全部台灯之后的总售价是

70000 元 $+$ 17300 元 $=$ 87300 元

将最初定价设为 ⑩ ，然后画一画线段图。

降价后的售价： ⑩ $\times \dfrac{85}{100} =$ ㊺

接着，通过"按比分配"解题计算总售价。

⑩ $\times 400$ 个 $+$ ㊺ $\times 100$ 个 $=$ ㊽⑤

已知总售价是 87300 元，即

㊽⑤ $=$ 87300 元　① $=$ 87300 元 $\div 48500 = 1.8$ 元

可得，1 个台灯的定价： ⑩ $=$ 1.8 元 $\times 100 = 180$ 元

遇到文本很长的题目，大家一定要静下心来，一步一步地进行计算。

这样一来，看着有点难的题目，也会游刃有余。

1 店铺将某件商品按进价增加三成进行定价。因销路不畅，又按定价减少一成进行销售，获得利润 340 元。不考虑消费税的话，请问这件商品的进价是多少钱？

答案:

2 店铺进了 300 个 30 元的皮球，确定定价之后进行销售。对于其中 8% 的皮球，按定价减少三成进行销售。销售完毕后，一共获得利润 2712 元。不考虑消费税的话，请问定价是多少？

答案:

第三阶段

巧用"按比分配"解题，掌握消元法

到了这一章节，相信大家已经掌握了"按比分配"解题的基本思路。"按比分配"解题的厉害之处，在于它不仅能解决涉及倍的关系的问题以及分配问题，还可以在其他各种类型的问题中大显身手。

在本章中，我们将学习它在涉及消元法的问题中的应用。来吧，巧用"按比分配"，再接再厉解决又一类问题吧。

问题

1

买 3 个篮球和 4 根跳绳一共花费 380 元，买 5 个篮球和 2 根跳绳一共花费 540 元。请问篮球和跳绳的单价各是多少？

答案：

▶正确答案在下一页！

为了解开这道题，如下图所示，我们先画出这样的示意图。

球 球 球　　　绳 绳 绳 绳 ⟶ 380 元

球 球 球 球 球　　　绳 绳 ⟶ 540 元

接下来，将介绍如何对这道题使用"按比分配"解题的方法。

首先，设1个篮球的价格为①元，1根跳绳的价格为⒈元。

那么，3个篮球和4根跳绳的价格可以表示为：① ×3 个＋⒈ ×4 根；
5 个篮球和 2 根跳绳的价格可以表示为：① ×5 个＋⒈ ×2 根。然后，对两个算式进行计算。

　　① ×3 个＋⒈ ×4 根 ＝ 380 元 → ③＋④ ＝ 380 元

　　① ×5 个＋⒈ ×2 根 ＝ 540 元 → ⑤＋② ＝ 540 元

接着，用消元法进行处理。可以将第二个算式乘2，从而消去□中的数。

　　③＋④ ＝ 380 元　　　⑤＋② ＝ 540 元 ——全部乘2——→ ⑩＋④ ＝ 1080 元

联立两个算式作差，就可以消去□中的数了。

　　⑩＋④ ＝ 1080 元

－ ③＋④ ＝ 380 元
————————————

　　⑦ ＝ 700 元

　　① ＝ 700 元 ÷7 ＝ 100 元（1个篮球的价格）

　　③ ＝ 100 元 ×3 ＝ 300 元

　　④ ＝ 380 元 － 300 元 ＝ 80 元

　　⒈ ＝ 80 元 ÷4 ＝ 20 元（1根跳绳的价格）

这样一来，就可以轻松求出答案了。

买 5 个桔子和 3 个火龙果一共花费 51 元。1 个火龙果的价格相当于 4 个桔子的价格。请问桔子和火龙果的单价各是多少？

答案：

▶正确答案在下一页！

首先，设1个桔子的价格为①元。那么，由"1个火龙果的价格相当于4个桔子的价格"可知，火龙果的价格为④元。

然后，由"买5个桔子和3个火龙果一共花费51元"列出算式。在这一步的时候，不要忘记标注单位。

同时，也要注意乘法的顺序哦。

①×5个＋④×3个＝51元

⑤　　　＋⑫　　＝51元

⑰　　　　　　＝51元

①＝51元÷17＝3元（1个桔子的价格）

1个火龙果的价格：3元×4＝12元

消元法和初二学习的联立方程组解法比较类似。问题1属于"加减消元法"，问题2属于"代入消元法"。

在目前这个阶段，掌握"按比分配"解题的方法，对于升入初中后的数学学习也是有好处的。

接下来，我们再来会一会更多的应用题吧。

买 5 个蛋糕和 3 个面包一共花费 284 元，买 4 个蛋糕和 5 个面包一共花费 300 元。请问蛋糕和面包的单价各是多少？

答案：

▶正确答案在下一页！

对于这道题，请使用问题 1 的解法。

首先，设 1 个蛋糕的价格为①元，1 个面包的价格为 1 元。

接着，列出相应的两个算式。

⑤＋ 3 ＝ 284 元

④＋ 5 ＝ 300 元

然后，将上面的算式乘 4，下面的算式乘 5。

⑤＋ 3 ＝ 284 元　——全部乘 4→　⑳＋ 12 ＝ 1136 元

④＋ 5 ＝ 300 元　——全部乘 5→　⑳＋ 25 ＝ 1500 元

最后，将算式作差。

　　⑳＋ 25 ＝ 1500 元

－　⑳＋ 12 ＝ 1136 元

　　　　 13 ＝ 364 元

　　　　 1 ＝ 364 元 ÷13 ＝ 28 元 （1 个面包的价格）

根据题目中的 "买 4 个蛋糕和 5 个面包一共花费 300 元"，可知：

5 个面包的价格：28 元 / 个 ×5 个 ＝ 140 元

4 个蛋糕的价格：300 元 － 140 元 ＝ 160 元

1 个蛋糕的价格：160 元 ÷4 ＝ 40 元

这就是所求的结果。

问题 4

今天晚上吃咖喱饭，妈妈去超市买做咖喱饭的食材。买 3 根胡萝卜和 5 个土豆一共花费 39 元。1 根胡萝卜的价格比 2 个土豆贵 2 元。请问 1 根胡萝卜和 1 个土豆各是多少钱？

答案：

▶正确答案在下一页！

对于这道题，请使用问题2的解法。

首先，设1个土豆的价格为①元。

根据"1根胡萝卜的价格比2个土豆贵2元"，可知，

1根胡萝卜的价格：②＋2元

接着，将算式乘3。你猜到这样做的原因了吗？

3根胡萝卜的价格：⑥＋6元

然后，根据"买3根胡萝卜和5个土豆一共花费39元"，可列出算式。

⑥＋6元＋⑤＝39元

将○中的数字相加，可得：

⑪＋6元＝39元

因为⑪加上6元等于39元，可得，

⑪＝39元－6元＝33元

①＝33元÷11＝3元（1个土豆的价格）

因此，1根胡萝卜的价格是：3元×2＋2元＝8元。

今天晚上吃咖喱饭，妈妈去超市买做咖喱饭的食材。买 3 根胡萝卜和 5 个土豆一共花费 39 元。1 根胡萝卜的价格比 3 个土豆便宜 1 元。请问 1 根胡萝卜和 1 个土豆各是多少钱？

答案：

▶正确答案在下一页！

本题和问题4相似，只是其中一个条件发生了变化。首先，和问题4一样，先设1个土豆的价格为①元。

根据"1根胡萝卜的价格比3个土豆便宜1元"，可知，

1根胡萝卜的价格：③－1元，

3根胡萝卜的价格：⑨－3元

然后，根据"买3根胡萝卜和5个土豆一共花费39元"，可列出算式。

⑨－3元＋⑤＝39元

⑭－3元＝39元

因为⑭减去3元等于39元，可得，

⑭＝39元＋3元＝42元

⑭＝42元

①＝42元 ÷14＝3元（1个土豆的价格）

因此，1根胡萝卜的价格是：3元 ×3－1元＝8元。居然和问题4的答案一模一样啊。

接下来，我们将学习涉及关系式变形的消元法，接触更多的应用题。

问题
6

小 A 和小 B 手头的零花钱之比是 5:4。现在，爷爷给了小 A75 元零花钱，给了小 B50 元零花钱，这时两人的零花钱之比是 4:3。请问最初两人各有多少零花钱？

答案：

▶正确答案在下一页！

首先，设小 A 最初的零花钱为⑤元，小 B 为④元。设从爷爷那里拿了零花钱之后小 A 的零花钱为④元，小 B 为③元。

接着，可以列出以下两个算式。

⑤＋ 75 元＝ ④

④＋ 50 元＝ ③

然后，使用"加减消元法"，将上面的算式乘 4，下面的算式乘 5。

⑤＋ 75 元＝ ④ —— 全部乘 4 —→ ⑳＋ 300 元＝ ⑯

④＋ 50 元＝ ③ —— 全部乘 5 —→ ⑳＋ 250 元＝ ⑮

将两个算式作差。

　　⑳＋ 300 元＝ ⑯

－　⑳＋ 250 元＝ ⑮

　　　　　 50 元＝ ①

④＝ 50 元 ×4 ＝ 200 元

小 A 最初的零花钱数：200 元－ 75 元＝ 125 元

③＝ 50 元 ×3 ＝ 150 元

小 B 最初的零花钱数：150 元－ 50 元＝ 100 元

或小 B 最初的零花钱数：125 元 × $\dfrac{4}{5}$ ＝ 100 元

将关系式变形，使用消元法就能轻松得到结果了。

在一所中学入学考试中，共有男女考生300人。其中，合格人数为100人。已知男生的30%合格，女生的40%合格。请问男女考生各有多少人？

答案：

▶正确答案在下一页！

要解答这种类型的问题，如下所示，可以列一个表格方便整理思路。

	男生	女生	合计
考生人数			
合格人数			

首先，设男考生人数为⑩⓪人，女考生人数为⬚人。

已知，男生合格的人数是男考生人数的 30%，可得⑩⓪×0.3＝㉚

已知，女生合格的人数是女考生人数的 40%，可得⬚×0.4＝⑳

如下所示，将这些数值填入之前的表格。

	男生	女生	合计
考生人数	⑩⓪	⬚	300 人
合格人数	㉚	⑳	100 人

根据表格，可列出两个算式。

⑩⓪＋⬚＝300 人　　㉚＋⑳＝100 人

然后，将两个算式进行变形。将上面的算式乘3，下面的算式乘10。

⑩⓪＋⬚＝300 人 ——全部乘3—→ ③⓪⓪＋⬚＝900 人

㉚＋⑳＝100 人 ——全部乘10—→ ③⓪⓪＋⬚＝1000 人

最后，将上下算式调换并作差。

③⓪⓪＋⬚＝1000 人

－ ③⓪⓪＋⬚＝900 人

⬚＝100 人（女考生人数）

因此，男考生人数为：300 人－100 人＝200 人

这道题乍一看好像非常难，一步一步推算下来，你也能掌握这类题目了。

勤能补拙。只有多练习，才能多成长！

1 小 A 和小 B 手头的零花钱之比是 7:6。现在，小 A 又收到 3 元零花钱，小 B 花了 9 元零花钱，这时两人的零花钱之比是 5:3。请问最初两人各有多少零花钱？

答案：

2 如果在上个月购买商品 A 和商品 B，总价为 3600 元。本月，商品 A 涨价 8%，商品 B 涨价 12%。如果在本月购买商品 A 和商品 B，总价为 3948 元。请问上个月商品 A 和商品 B 的价格各是多少？

答案：

第四阶段

巧用"按比分配"解题，解答工程问题

生活中常见的工程问题，和"按比分配"解题搭配的效果也不错。在应对工程问题中，需要我们耐心地一步一步整理条件和思路，相信有了"按比分配"解题方法的帮助，可以让大家不再害怕涉及工程问题的应用题了。

加油，一起拿下又一种类型的问题吧！

工程问题原来可以很简单！

问题 1

一项工作，小 A 单独做要 10 天完成，小 B 单独做要 15 天完成。两人一起做，多少天就能完成？

答案：

▶正确答案在下一页！

首先，可知 10 和 15 的最小公倍数是 30。我们的老朋友最小公倍数又出现了呀。

这个最小公倍数 30 应该怎么用，请思考一下。原来 30 可以表示"工作总量"。

即，设工作总量为㉚。

可得，
小 A 一天的工作量为：㉚ ÷10 天＝③
小 B 一天的工作量为：㉚ ÷15 天＝②
两人一天的工作量为：③＋②＝⑤

㉚ ÷ ⑤＝ 6 天
这项工作如果由两人一起做，需要花费 6 天时间。

这就是工程问题的基础题型。

水槽有进水管和排水管。要将水槽注满水，单开进水管 A 需要 12 分钟，单开进水管 B 需要 15 分钟。把满水的水槽排空，单开排水管 C 需要 10 分钟。现在同时打开进水管 A、进水管 B、排水管 C，将水槽注满水需要多长时间？

答案：

▶正确答案在下一页！

首先，可知 12、15、10 的最小公倍数是 60。设满水时水槽的水量为 ⑥⓪。

可得，进水管 A 一分钟进水量为：⑥⓪ ÷12 分＝⑤

进水管 B 一分钟进水量为：⑥⓪ ÷15 分＝④

排水管 C 一分钟排水量为：⑥⓪ ÷10 分＝⑥

如果同时打开进水管 A、进水管 B、排水管 C，可得 ⑤＋④－⑥＝③。也就是说，一分钟进水量为 ③。

可得，⑥⓪ ÷ ③＝20 分

关于工程问题，除了运用"按比分配"解题，还可以采用分数的方法。这两种方法没有优劣之分。对于学生来说，多掌握一种方法也就多一种武器傍身。因此在本题中，会继续解析第二种方法。大家也来学一学吧。

设满水时水槽的水量为 1。

可得，进水管 A 一分钟进水量为：$1 \div 12$ 分 $= \dfrac{1}{12}$

进水管 B 一分钟进水量为：$1 \div 15$ 分 $= \dfrac{1}{15}$

排水管 C 一分钟排水量为：$1 \div 10$ 分 $= \dfrac{1}{10}$

如果同时打开进水管 A、进水管 B、排水管 C，可得

$$\dfrac{1}{12} + \dfrac{1}{15} - \dfrac{1}{10} = \dfrac{5}{60} + \dfrac{4}{60} - \dfrac{6}{60} = \dfrac{3}{60} = \dfrac{1}{20}。$$

也就是说，一分钟进水量为 $\dfrac{1}{20}$。

可得，$1 \div \dfrac{1}{20} = 20$ 分

其实，这两种方法的基本思路是一致的，只是一个把水槽水量设为最小公倍数，一个把它设为 1。区别仅此而已。

问题
3

一项工作，小 A 和小 B 两人一起做，需要花费 15 天。如果小 A 单独做，8 天可以完成工作的三分之一。请问如果让小 B 单独做，需要多少时间？

答案：

▶正确答案在下一页！

首先，可知 15、8、3 的最小公倍数是 120。设工作总量为 ⑫⓪。

可得，两人一天的工作量为：⑫⓪ ÷ 15 天＝⑧

小 A 一天的工作量为：（⑫⓪ × $\frac{1}{3}$）÷8 天＝⑤

小 B 一天的工作量为：⑧－⑤＝③

因此，如果让小 B 单独做，需要花费：

⑫⓪ ÷ ③＝ 40 天

一项工作，小 A 单独做要 8 小时完成，小 B 单独做要 12 小时完成。两人一起做，中途小 B 休息了 2 小时。请问这项工作两人一共需要花费几小时几分钟才能完成？

答案：

▶正确答案在下一页！

首先，可知 8 和 12 的最小公倍数是 24。设工作总量为㉔。

可得，小 A 一小时的工作量为：㉔ ÷ 8 小时 ＝ ③

小 B 一小时的工作量为：㉔ ÷ 12 小时 ＝ ②

根据"中途小 B 休息了 2 小时"，可知在这 2 小时中只有小 A 在工作。那么，小 A 在这段时间的工作量为：

③ ×2 小时 ＝ ⑥

那么，剩余工作量为：

㉔ － ⑥ ＝ ⑱

两人完成剩余的工作，所需要的时间为：

⑱ ÷（③ ＋ ②）＝ 3.6 小时 ＝ 3 小时 36 分

加上小 B 休息的 2 小时，这项工作一共花费的时间为：

3 小时 36 分 ＋ 2 小时 ＝ 5 小时 36 分

要将水槽注满水，单开进水管 A 需要 40 分钟，单开进水管 B 需要 32 分钟。现在，同时打开 5 根进水管 A、2 根进水管 B，将水槽注满水需要几分几秒？

答案：

▶正确答案在下一页！

首先，可知 40 和 32 的最小公倍数是 160。设满水时水槽的水量为 ⑯⓪。

可得，进水管 A 一分钟进水量为：⑯⓪ ÷40 分＝④

进水管 B 一分钟进水量为：⑯⓪ ÷32 分＝⑤

根据"同时打开 5 根进水管 A、2 根进水管 B"，可得这种情况下一分钟进水量为：

④ ×5 根＋⑤ ×2 根＝㉚

因此，将水槽注满水需要花费的时间为：

$$⑯⓪ ÷ ㉚ ＝ \frac{16}{3} 分 ＝ 5 分 20 秒$$

一项工作，小 A 和小 B 一起做要花费 30 分钟，小 B 和小 C 一起做要花费 42 分钟，小 C 和小 A 一起做要花费 35 分钟。那么，单独做的时候，他们之中谁能最快完成这项工作呢？需要花费多少时间？

答案:

▶正确答案在下一页！

首先，用短除法求出 30，42，35 的最小公倍数。

```
6│30  42  35        6×5×7=210
5│ 5   7  35
7│ 1   7   7        [30,42,35]=210
   1   1   1
```

可知 30、42、35 的最小公倍数是 210。设工作总量为 ㉑⓪。可以求出每个组合每分钟完成的工作量。

小 A ＋ 小 B ＝ ㉑⓪ ÷30 分 ＝ ⑦   ……a

小 B ＋ 小 C ＝ ㉑⓪ ÷42 分 ＝ ⑤   ……b

＋ 小 A ＋ 小 C ＝ ㉑⓪ ÷35 分 ＝ ⑥   ……c

将 a、b、c 相加

小 A ＋ 小 A ＋ 小 B ＋ 小 B ＋ 小 C ＋ 小 C ＝ ⑱

小 A ＋ 小 B ＋ 小 C ＝ ⑱ ÷2＝ ⑨   ……d

将 d 和 a 作差。小 C 一分钟工作量为：⑨－⑦＝②

将 d 和 b 作差。小 A 一分钟工作量为：⑨－⑤＝④

将 d 和 c 作差。小 B 一分钟工作量为：⑨－⑥＝③

可知在三人中，小 A 每分钟的工作量最大，所以小 A 能最快完成这项工作。花费的时间为：㉑⓪ ÷ ④＝ 52.5 分 ＝ 52 分 30 秒工程问题除了涉及常见的"工作"和"注水"，还可以有其他的扩展。万变不离其宗，基本思路都是一致的。

接下来，我们将接触和"累计"相关的问题。

问题
7

4 人坐火车出行，旅程全程为 2 小时 20 分钟。因为只买到 3 张有座票，所以 4 人轮流坐。这趟旅程，假设每个人坐的时间都相同，那么每人坐几小时几分钟？

答案：

▶正确答案在下一页！

在本题中，只要寻找和"累计"相关的数就可以了。

已知买到 3 张有座票，那么就可以求出在 3 个座位上就座的累计时间。

2 小时 20 分 = 140 分
140 分 ×3 个 = 420 分

由 4 人分坐 3 个座位，可得每人就座的时间为：
420 分 ÷4 人 = 105 分 = 1 小时 45 分

"累计"，在本题中的含义是计算事物的总和，它可以是计算时间的总和，也可以是计算若干次人数的总和。

比如，假设有若干名同学参加 5 人接力跑。第一棒是小 A，第二棒是小 B，第三棒是小 C，第四棒是小 D，第五棒还是小 A。那么我们可以说，虽然参加接力跑的确实只有 4 人，但选手累计人次为 5 人。

你理解"累计"的意思了吗？

一项工作，30 名工作人员花费 4 小时能完成。那么，20 名工作人员需要花费多少时间？

答案：

▶正确答案在下一页！

首先，设每名工作人员 1 小时的工作量为①。

那么，30 名工作人员 4 小时的工作量可累计为：

①×30 人 ×4 小时＝⑫⓪

同时，20 名工作人员 1 小时的工作量为：

①×20 人 ＝⑳

因此，可得花费的时间为：

⑫⓪ ÷ ⑳＝ 6 小时

当然，还有一种思路是：工作人员从 30 名→20 名，即人数变为原来

的 $\frac{2}{3}$，则时间变为原来的 $\frac{3}{2}$。

可得，4 小时 $\times \frac{3}{2}$＝ 6 小时

为了解决下一步的升级版问题，在这里还是建议大家多多巧用"按比

分配"解题，进行练习。

一项工作，35 名工作人员花费 5 小时能完成。假设先让 20 名工作人员做 3 小时，之后剩余的工作需要在 3 小时内完成。那么，完成剩余工作至少需要多少名工作人员？

答案：

▶正确答案在下一页！

首先，设每名工作人员 1 小时的工作量为①。

那么，35 名工作人员 5 小时的工作量为：

①×35 人 ×5 小时＝⑰⑤

同时，20 名工作人员 3 小时的工作量为：

①×20 人 ×3 小时＝㉆

剩余的工作量为：

⑰⑤—㉆＝⑪⑤

因此，想要在 3 小时内完成，需要工作人员：

⑪⑤÷3 小时＝ 38.333……名

至少需要 39 名工作人员。

一项工作，5 人花费 4 小时可以完成这项工作的 $\frac{2}{3}$，如果剩下的工作由 2 人继续完成。请问实际花费的时间比计划的时间多多少？

答案：

▶正确答案在下一页！

首先，设每人 1 小时的工作量为①。

总之，这种类型的问题，都可以先设单位工作量。

接着，如下所示，继续求出工作总量。

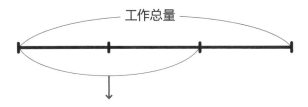

① ×5 人 ×4 小时＝⑳

工作总量：⑳ ÷2×3 ＝㉚

剩余工作量为：

㉚ × $\frac{1}{3}$ ＝⑩

2 人完成剩余工作需要的时间为：

⑩ ÷ ② ＝ 5 小时

如果按照原计划，继续让 5 人完成剩余工作的话，花费的时间为：

⑩ ÷ ⑤ ＝ 2 小时

5 小时－ 2 小时 ＝ 3 小时

实际花费的时间比计划的时间多 3 小时。

牛顿问题，因由牛顿提出而得名，也有许多人称这一类问题叫做"牛吃草"问题。作为本书的最后一类问题，打起精神加油吧。

"牛吃草"问题，是很多学生的弱项。在本书中，我们当然不会采用连高中生也觉得有难度的解题方法。不过就算降低难度，它依然是值得挑战的难题。

希望大家在充分理解"按比分配"解题的基础上，好好会一会"牛吃草"和其变形问题吧！

问题 11

棒球场入口有 1200 人排队等候入场，每分钟排队人数增加 10 人。如果开放 1 个入口，经过 80 分钟就不再有人排队。如果开放 2 个入口，经过多少分钟不再有人排队？

答案：

▶正确答案在下一页！

"牛吃草"问题可以以各种各样的面目出现，本题是相对简单的类型。首先，找回之前的感觉，画一画线段图吧。

线段图的绘制顺序，如下所示。第一，先画出最初的人数。

根据"每分钟排队人数增加 10 人"，可画出 80 分钟增加的人数。

这些排队的人都会在 80 分钟内全部进场。

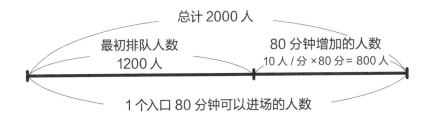

那么，1 个入口 1 分钟可以进场的人数为：2000 人 ÷80 分 = 25 人 / 分

如果开放 2 个入口，1 分钟可以进场的人数为：25 人 ×2 = 50 人

也就是说，1 分钟场馆外减少的排队人数为：

50 人（进场人数）－ 10 人（增加人数）= 40 人

1200 人 ÷40 人 / 分 = 30 分

60 人在电影院门口排队入场，之后的每分钟都会有一定人数的观众前来。如果开放 2 个入口，经过 5 分钟就不再有人排队；如果开放 3 个入口，经过 3 分钟就不再有人排队。那么，如果只开放 1 个入口，经过多少分钟不再有人排队？

答案：

▶正确答案在下一页！

"牛吃草"问题，有难有易。比如，问题 12 就比问题 11 要难一点点。大家循序渐进，慢慢掌握解决难题的方法吧。

首先，画一画线段图。设开放 1 个入口 1 分钟进场人数为①。

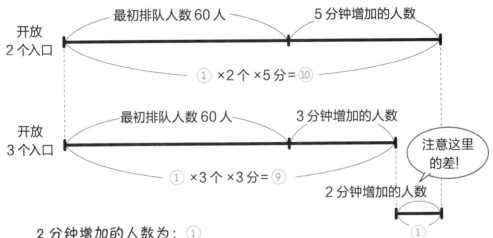

2 分钟增加的人数为：①

1 分钟增加的人数为：① ÷2 ＝⓪.⑤

最初排队的人数为：⑩－⓪.⑤ ×5 分 ＝⑦.⑤ ＝ 60 人

⑦.⑤ ＝ 60 人

开放 1 个入口 1 分钟进场人数为：① ＝ 60 人 ÷7.5 ＝ 8 人

1 分钟增加的人数为：⓪.⑤ ＝ 8 人 ×0.5 ＝ 4 人

可得，每分钟排队人数减少：8 人－ 4 人 ＝ 4 人

60 人 ÷4 人 / 分 ＝ 15 分

因此，开放 1 个入口，经过 15 分钟不再有人排队。

1 一项工作，小 A 和小 B 一起做要花费 6 小时，小 B 和小 C 一起做要花费 4 小时，小 C 和小 A 一起做要花费 3 小时。那么，三人一起做需要花费几小时几分钟？

答案：

2 一个人每天存 20 元，已经存了一笔钱。如果从现在开始每天花同样数额的钱，60 天就会把储蓄用完。如果每天花 2 倍数额的钱，10 天就会把储蓄用完。请问这个人现在存了多少钱？

答案：

复习题

巧用"按比分配"解题，挑战天才级思维拓展题

相信看到这章的同学，已经充分理解了"按比分配"解题的思路和方法。如果你觉得"还有不太明白的地方"，请自行对薄弱项目进行复习和查缺补漏。大家要记住，反复练习和应用能力是互为成长的关系。

在本章中，我们将综合至今学习的"按比分配"解题方法和适用题目类型，带领大家挑战天才级思维拓展题。

不要慌张、沉着应对。相信大家已经掌握"按比分配"解题，迫不及待要"真刀实枪"地干一场了。

向着目标，出发！

复习题
1

某个数加上 36 后，和的 5% 等于这个数的 7%。求这个数。

答案：

▶答案在第 106 页！

复习题
2

某件商品，店铺按进价增加三成进行定价。因销路不畅，又按定价减少二成并降价 48 元进行销售。这时的实际售价和进价相同。请问这件商品的进价是多少钱？

答案：

▶答案在第 106 页！

复习题 **3**

仓库 A 和仓库 B 的商品数量之比是 4 ∶ 3。往仓库 A 入库 200 件商品，往仓库 B 入库 250 件商品，这时两个仓库的商品数量之比是 6 ∶ 5。请问最初仓库 B 的商品数量是多少？

答案：

▶答案在第 106 页！

复习题 **4**

有一个底面积是 22.5cm² 的长方体水槽，保持一定量的进水量。从水深 40cm 的状态，开始排空水槽。如果 5 台排水泵同时工作，需要花费 30 分钟；如果 7 台排水泵同时工作，需要花费 18 分钟。已知所有排水泵的功率是一致的。请问如果想让水槽的水量持续减少，那么至少需要多少台排水泵？

答案：

▶答案在第 107 页！

1

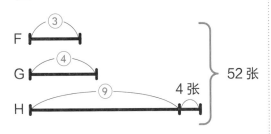

52 张 － 4 张 = 48 张

③ + ④ + ⑨ = ⑯

⑯ = 48 张

① = 48 张 ÷ 16 = 3 张

可得，小 F 画了：3 张 × 3 = 9 张

小 G 画了：3 张 × 4 = 12 张

小 H 画了：9 张 × 3 + 4 张 = 31 张

2

已知 9 和 5 的最小公倍数是 45，因此将整本书的页数设为 ㊺。

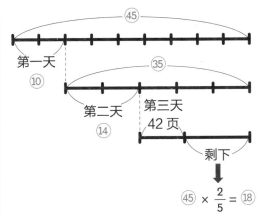

㊺ － （⑩ + ⑭ + ⑱） = ③ = 42 页

总页数为：42 页 × $\frac{45}{3}$ = 630 页

1

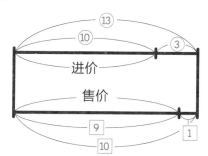

⑬和⑩的最小公倍数是⑬⓪，以此为基准，将○和□中的数值进行统一。

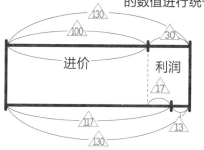

$\triangle_{17} = 340$ 元

进价 $\triangle_{100} = 340$ 元 $\times \dfrac{100}{17} = 2000$ 元

2

首先，求皮球的销售数量。

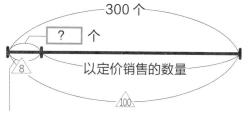

降价销售的数量

按定价减少三成销售的皮球数量为：

300 个 $\times \dfrac{8}{100} = 24$ 个

以定价销售的数量为：

300 个 $- 24$ 个 $= 276$ 个

皮球的总成本为：30 元/个 $\times 300$ 个 $= 9000$ 元

已知总利润为 2712 元，因此总售价为：9000 元 $+ 2712$ 元 $= 11712$ 元

将定价设为⑩，按定价减少三成的皮球的售价是：⑩ $\times 0.7 = ⑦$

⑩ $\times 276$ 个 $+ ⑦ \times 24$ 个 $= ㉉㉈$

已知总售价是 11712 元，

即 ㉉㉈ $= 11712$ 元

① $= 11712$ 元 $\div$ ㉉㉈ $= 4$ 元

可得，皮球的定价为：

⑩ $= 4$ 元 $\times 10 = 40$ 元

1

设小 A 最初的零花钱为 ⑦ 元，小 B 为 ⑥ 元。

设小 A 之后的零花钱为 ⑤ 元，小 B 为 ③ 元。

小 A：⑦ $+ 3$ 元 $=$ ⑤ $\xrightarrow{\times 6}$ ㊷ $+ 18$ 元 $=$ ㉚

小 B：⑥ $- 9$ 元 $=$ ③ $\xrightarrow{\times 7}$ ㊷ $- 63$ 元 $=$ ㉑

$$81 \text{ 元} = ⑨$$
$$9 \text{ 元} = ①$$
$$27 \text{ 元} = ③$$

⑥ $- 9$ 元 $= 27$ 元

⑥ $\qquad = 27$ 元 $+ 9$ 元

⑥ $\qquad = 36$ 元 $\cdots\cdots$ 小 B

① $\qquad = 6$ 元

小 A $=$ ⑦ $= 6$ 元 $\times 7 = 42$ 元

小 A 有 42 元，小 B 有 36 元

2

设上个月商品 A 的价格为 ⑩⑩ 元，商品 B 的价格为 ⑩⑩ 元。

	A	B	合计
上月	⑩⑩	⑩⑩	3600 元
本月	⑩⑧	⑪⑫	3948 元

⑩⑩ $+$ ⑩⑩ $= 3600$ 元

$\downarrow$

① $+$ ① $= 3600$ 元 $\div 100 = 36$ 元

① $+$ ① $= 36$ 元 $\xrightarrow{\times 108}$ ⑩⑧ $+$ ⑩⑧ $= 3888$ 元

已知，

⑩⑧ $+$ ⑪⑫ $= 3948$ 元，将两个算式作差。

④ $= 60$ 元

① $= 15$ 元

① $+$ ① $= 36$ 元

① $+ 15$ 元 $= 36$ 元

① $= 36$ 元 $- 15$ 元 $= 21$ 元

商品 A 的售价为：

⑩⑩ $= 21$ 元 $\times 100 = 2100$ 元

商品 B 的售价为：

⑩⑩ $= 15$ 元 $\times 100 = 1500$ 元

商品 A 售价为 2100 元，商品 B 售价为 1500 元

1

可知 6、4、3 的最小公倍数是 12，设工作总量为⑫。

小 A ＋小 B：⑫÷6 小时＝②/ 小时

小 B ＋小 C：⑫÷4 小时＝③/ 小时

小 A ＋小 C：⑫÷3 小时＝④/ 小时

小 A ＋小 A ＋小 B ＋小 B ＋小 C ＋小 C：
②＋③＋④＝⑨

小 A ＋小 B ＋小 C：⑨÷2 ＝④.5

⑫÷④.5＝$\frac{12}{4.5}$＝$\frac{8}{3}$＝$2\frac{2}{3}$

$2\frac{2}{3}$小时＝2 小时 40 分钟

因此，三人一起做需要花费 2 小时 40 分钟。

2

设每天花钱数额为①元。

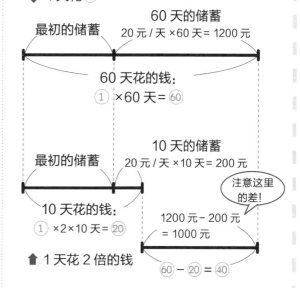

↓ 1 天花①

最初的储蓄　　60 天的储蓄
　　　　　　20 元 / 天 ×60 天＝ 1200 元

60 天花的钱：
①×60 天＝⑥⓪

最初的储蓄　　10 天的储蓄
　　　　　　20 元 / 天 ×10 天＝ 200 元

注意这里的差!

10 天花的钱：
①×2×10 天＝②⓪

1200 元－ 200 元
＝ 1000 元

↑ 1 天花 2 倍的钱　　⑥⓪－②⓪＝④⓪

④⓪＝ 1000 元

①＝ 1000 元 ÷40 ＝ 25 元

⑥⓪＝ 25 元 ×60 ＝ 1500 元

最初的储蓄为：1500 元 － 1200 元 ＝ 300 元

1

设这个数为⑩。

这个数加上 36 后的 5% 为：

$$(⑩ + 36) \times \frac{5}{100} = ⑤ + 1.8$$

这个数的 7% 为：$⑩ \times \frac{7}{100} = ⑦$

可知，

$⑤ + 1.8 = ⑦$

$② = 1.8$

$① = 0.9$

$⑩ = 0.9 \times 100 = 90$

2

设进价为⑩。

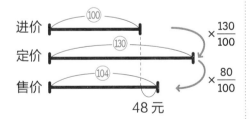

$④ = 48$ 元

$① = 48$ 元 $\div 4 = 12$ 元

$⑩ = 12$ 元 $\times 100 = 1200$ 元

3

设最初仓库 A 的商品数量为④件，仓库 B 的商品数量为③件；最终仓库 A 的商品数量为⑥件，仓库 B 的商品数量为⑤件。

A：$④ + 200$ 件 $= ⑥ \xrightarrow{\times 3} ⑫ + 600$ 件 $= ⑱$

B：$③ + 250$ 件 $= ⑤ \xrightarrow{\times 4} ⑫ + 1000$ 件 $= ⑳$

作差：400 件 $= ②$

$① = 400$ 件 $\div 2 = 200$ 件

$⑤ = 200$ 件 $\times 5 = 1000$ 件

最初仓库 B 的商品数量为：

1000 件 $- 250$ 件 $= 750$ 件

4

水深 40 cm时，水槽的水量为：

$22.5\text{cm}^2 \times 40\text{cm} = 900\text{cm}^3$

设 1 台排水泵 1 分钟排水量为①cm^3。

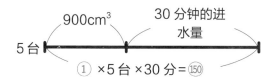

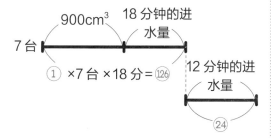

12 分钟的进水量为：㉔

1 分钟的进水量为：㉔ ÷12 分 ＝②

  2 台排水泵 2 分钟的排水量

因此，如果想让水槽的水量持续减少，至少需要 3 台排水泵。

此外，求 1 台排水泵 1 分钟的排水量，如下所示。

30 分钟的进水量为：

② ×30 分 ＝㉚

㉚ －㉚ ＝⑨ ＝ 900cm^3

① ＝ $900\text{cm}^3 \div 90 = 10\text{cm}^3$